青野裕幸

いかだ社

もくじ

実験

- CDコマをつくろう …………………… 4
- プラスチックを調べる ………………… 6
- 四角いシャボン玉に挑戦 ……………… 8
- 氷をつくる、氷でつくる ……………… 10
- インクで遊ぶ …………………………… 14
- カフェインを取り出そう ……………… 18
- 太陽をうつす …………………………… 20
- 机の上の鏡 ……………………………… 22
- 音は振動 ………………………………… 24
- 温められた空気 ………………………… 26
- ストローをのぞこう …………………… 28
- 浮沈子をつくる ………………………… 30
- 尿素ツリーをつくろう ………………… 32
- 流れる水のはたらき …………………… 34
- かんたん！おいしい！ノンアルコール甘酒…… 36
- 【コラム】カビやキノコの生活 ……… 39
- カイロの温度を測定しよう …………… 40
- ロケットモデルをつくろう …………… 42
- みかんの皮で実験 ……………………… 44
- 静電気の実験 …………………………… 46
- ジュースで実験 ………………………… 50
- 卵で実験 ………………………………… 52
- 【コラム】卵の大きさの比較 ………… 55
- みそ汁で遊ぶ …………………………… 56
- ピーナッツの力 ………………………… 58

観察

魚の耳石を集めよう …………………… 60
エビの解剖 …………………… 62
魚はどのように情報を得るのかな ………… 64
手羽先の標本をつくろう……………… 66
【コラム】骨も生きている …………………69
カタツムリのうんち …………………… 70
デンプンを探す …………………… 72
マイタケの茶碗蒸しをつくる……………… 74
野菜のくずを育てよう ……………… 76
野菜や果物を観察しよう ……………… 78
【コラム】手の指のような……これもみかん!? ……81
食紅で染める …………………… 82
七輪を観察しよう …………………… 84
冬芽の観察 …………………… 86
マツの葉で環境調査 ……………… 88
カルマン渦をつくる ……………… 92

実験・観察をする前に……………………… 94
楽しく実験・観察をするためのポイント

【実験・観察の前に用意しておくと便利な道具】
◆筆記用具……鉛筆・色鉛筆・消しゴム・水性ペン・油性マーカー
　不透明油性ペン（ペイントマーカー、水性ポスカなど）・クレヨン
◆接着道具……セロハンテープ・両面テープ・固形のり・木工用ボンド
◆切る時に使う道具……はさみ・カッター
◆その他……ホチキス・穴あけパンチ・千枚どおし・キリ・定規
☆各ページの"用意するもの"には、その実験・観察に必要なものを表示してあります。

実験

CDコマをつくろう

いろいろな素材や形のコマがありますね。パソコンが身近になったいま、使用済みのCDがたくさんあるのではないでしょうか。丸い円盤のCDはコマにぴったり！　改造して遊んでみましょう。

用意するもの
- CD
- ホース
- ビー玉

手順

1　ホースとビー玉を用意する
CDの穴に入る太さのホースとそのホースにぴったり入るビー玉を用意しよう。

2　ホースの長さを決める
ホースをCDの穴に入れ、手で回すのにちょうどよい長さで切る。

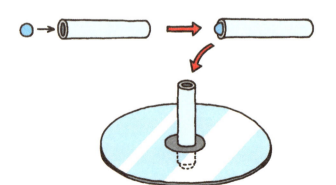

③ 回してみる
CDがしっかり回るようにホースを固定し、CDにいろいろな模様をつけて回してみよう。

④ ベンハムのコマに改造しよう
下の図をCDのサイズにコピーして、CDにはりつける。回してみるとどうなるかな。

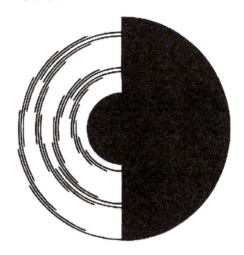

科学の目

見え方は人それぞれ

ベンハムのコマは、1895年にイギリスのおもちゃ屋さんだったチャールス・ベンハムさんが発見したものです。

実際にやってみるとわかるのですが、人によってどんな色が出てくるのか、見え方が違います。そしてこの現象がなぜ起こるのかも正確にはわかっていないのです。

このCDコマを使っていろいろな模様を回転させて、現象の不思議を発見してみませんか？

実験

プラスチックを調べる

わたしたちの身の回りはプラスチック製品であふれています。
プラスチックといっても、いろいろな種類があります。
そのプラスチックを実験で分類していきましょう。

用意するもの

いろいろなプラスチック片
（ラップや消しゴムも
　プラスチックです）
ペットボトル
ガスバーナー
はさみ
銅の針金

手順

1 プラスチックのかけらをつくろう

はさみなどを使ってプラスチックを小さなかけらにする。何からとったプラスチック片なのかわかるように、分類して置いておく。

2 水に浮くのか沈むのか

プラスチックの特徴は軽いということ。水に入れて水中に押しこんでみて、浮かぶのか沈むのかを確かめよう。
軽いといっても基準によって違うので、「水に浮くのか沈むのか」ということを基準に分類していこう。

小さな
かけらに…

刃物でけがをしない
ように注意して
切ってね

③ **燃やしてみる**

プラスチックの一部を燃やすとどうなるかな。小さなかけらをガスバーナーで加熱してみよう。炎を出して燃えるかな？
煙やすすは出るかな？

④ **バイルシュタインテストをやってみよう**

銅線をガスバーナーで加熱する。熱い銅線をプラスチックにつけて溶かし、もう一度その銅線をガスバーナーの炎に入れてみよう。この時、写真のように緑色の炎が出るものと出ないものに分けてみよう。

火を使う時は、まわりに燃えやすい物がないかチェックしたり、ふざけたりしないように気をつけて実験してね

科学の目
ペットボトルを利用して

プラスチックには図のような分類記号が書かれています。同じプラスチックでもつくり方や成分によっていろいろな性質を生み出しています。

たとえば、④の実験のバイルシュタインテストでは、塩素がふくまれているプラスチックかどうかを判定することができます。塩素をふくむプラスチックを低温で燃焼させると有毒なガスが発生するということで問題になりました。今は、高温の焼却炉で燃やすので大きな問題にはなりませんが、プラスチックはリサイクルも可能ですから、いろいろと考えてみることが大切になりそうです。

もっともよく使われるペット樹脂はどうでしょう。このプラスチックはキャップと分けて回収されています。透明なので軽く見えそうなペットボトルは水よりも重いのです。またリサイクルされたペット樹脂は、卵のケースに変えられたり、繊維にしてフリースにされたりしています。

1) プラスチック材質表示識別マーク
《資源有効利用促進法に基づく指定表示製品》
1) PET（ポリエチレンテレフタート）
2) HDPE（高密度ポリエチレン）
3) PVC（塩化ビニール樹脂）
4) LDPE（低密度ポリエチレン）
5) PP（ポリプロピレン）
6) PSポリスチレン
7) OTHER（その他）

フリースにもなるのね

四角いシャボン玉に挑戦

丸くふくらんだシャボン玉は時間がたつと色がどんどん変化して
やがて割れてしまいます。そこで、アルミの針金を利用して立方体をつくり、
そこにシャボン膜をはると、四角いシャボン玉はできるでしょうか?
実際にやってみることにしましょう。

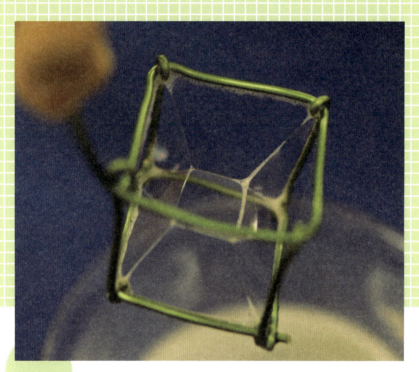

用意するもの

シャボン液
　（洗剤やせっけん）
アルミの針金
大きめの容器
ペンチ　など

手順

1. **シャボン液をつくる**
   シャボン玉をつくる専用の液も売られているが、洗剤やせっけんを使ってもかんたんにシャボン液をつくることができる。あわ切れのよい洗剤はシャボン液に向いていないので、洗剤を選んでシャボン液をつくろう。

② **アルミの針金を加工**
アルミの針金を工夫して立方体の枠をつくる。シャボン液につけた後、取り出すので、持ち手もつけておく。

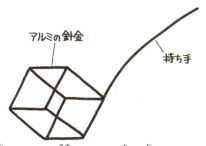

③ **シャボン液につけて取り出そう**
枠ができたら、シャボン液につける。そしてゆっくり引き上げて、どんなシャボン玉ができるのかを確かめよう。

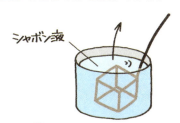

④ **いろいろな形の枠をつくってシャボン膜をはる**
三角錐や三角柱、直方体などを針金でつくって、シャボン膜をはってみよう。どのような形の膜ができるかな？

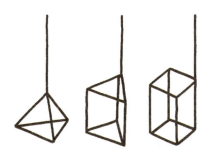

実験

科学の目

表面積を小さくする

普通のシャボン玉が球体になるのは、表面張力という力のせいです。膜をつくっている成分がお互いに引き合うので、最も面積が小さくなろうとするのです。その結果、できあがるのが球体です。では、立方体の時にはどうなっているでしょうか。やはり表面張力がはたらきますから、シャボン膜はできるだけ少ない面積になろうとします。実験であらわれる不思議な面の様子を計算してみると、確かに正方形が6面の時よりも面積が小さくなるのです。他の立体でも同じく、最小の表面積になります。

氷をつくる、氷でつくる

店で売っている氷は透明ですが、家でつくると
氷がそれほど透明ではないことが多いですね。いろいろなものをこおらせて、
ものがこおる時の性質を調べてみましょう。

【実験1】

用意するもの

- プラスチックカップ
- 断熱シート
- マスキングテープ
- お茶　色水　など

手順

1. カップにマスキングテープなどで印をつけておく。

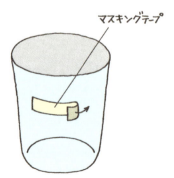

2. プラスチックカップと、それを断熱シートでくるんだもの、断熱シートを厚く巻いたものなどを準備する。

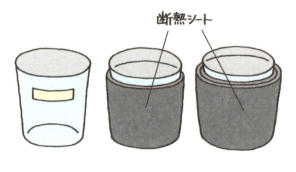

③ 中に水やお茶などを入れてこおらせてみよう。

④ 完全にこおったら、はじめの線からどのくらい体積が増えているのかをみてみよう。どれも同じような変化をするのかな?

⑤ お茶や色水はどのようにこおっているかな? 全体が色付きの氷になっているのかな?

実験

科学の目

氷山が浮くわけ

氷は水に浮きます。これはどうしてでしょうか。実験してみるとわかるように、水をこおらせると、体積が増えます。水と氷を同じ体積で比べると軽くなることがわかります。だから氷は水に浮かぶのです。氷の体積は水の時と比較すると1.1倍になりますから、全体の1割が水の上に出ていることになります。

また、こおる時、水がどんどんこおっていくことから、お茶などの成分は最後にたまってしまい、全体がお茶の氷にならないことが多くなります。

【実験2】

用意するもの

氷　食塩　水　ジュース
大きめのボウル　チャック付きポリエチレンの袋など

手順

1. 氷を多めに用意して、ボウルに入れる。

2. 氷の体積の1/3ほどの食塩を氷にかけてよくかきまぜる。

3. チャック付きの袋にジュースなどを入れて、ボウルの中に入れる。

4. しばらく放置するとどのようになるかな。

5. もし、温度計があるなら、実際に温度を測定してみよう。

氷が溶ける温度

　氷は0度で溶けはじめます。そこに食塩を入れると氷の温度がどんどん下がって、もっともよい割合の時には－21度にまで下がります。その時の様子を見ていると、氷は氷そのままの時よりも、かなり早く溶けていくことがわかります。

　食塩には早く氷を溶かすというはたらきがあるのです。まぜ合わせて温度が下がるような薬品を「寒剤」と呼びます。氷を早く溶かそうとするはたらきで、周りの熱をうばうのです。

　冬、道路の雪を早く溶かすために、融雪剤という薬品をまくことがあります。融雪剤は、塩化カルシウムという薬品です。食塩よりも早く雪を溶かすはたらきがあるのです。その分、周りから熱をうばう量も多いため、温度はもっと下がります。塩化カルシウムと氷の量を6：4にすると、その温度はなんと－55度にまでなるのです。

インクで遊ぶ

油性や水性だけでなく、最近はいろいろなタイプの
インクをもつペンが売られています。
そんなインクの性質を実験で確かめていきましょう。

【実験1】

用意するもの

水性ペン　油性ペン　鉛筆
割りばし
コーヒーフィルター（ろ紙）

手順

1. コーヒーフィルターを短冊状に切る。下から1cmのところに鉛筆で線を引いて、いろいろなペンのインクをつけておく。

2. いろいろなインクで点をつけたフィルターを、割りばしなどに固定する。この時、鉛筆の線が一直線になるように注意しよう。

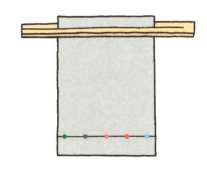

③ 割りばしを固定して、鉛筆の線よりも下の部分を水につけるようにして、水がしみていくのを待とう。

④ フィルターの上まで水がしみたところで、水から出し乾燥させる。

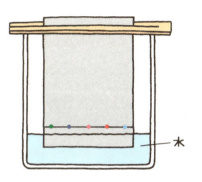

⑤ 色によって何色もに分解される様子を確認しよう。

「いろいろな色が見えるよ」　「おもしろい」

実験

科学の目

温度で変わる色

インクはものすごく小さな粒状の染料というものでできています。さまざまな色をつくり出すために、その染料の組み合わせを変えているのです。絵の具をまぜ合わせて好きな色をつくり出すのと同じです。紙に水がしみこんでいく時、この染料の粒子も一緒に移動します。ところが、この粒子の移動はどれも同じというわけではありません。粒の大きさなどの条件で、同じ時間での移動距離が変わってきますから、この実験のように、色によって登っていく高さが変わっていくわけです。

「いろいろな染料でできているんだね」

【実験2】

用意するもの

フリクションペン（書いた後に摩擦で消すことができるペン）
比較的厚めの紙
摩擦に利用できそうな消しゴム　など
コールドスプレー　ドライヤー

手順

1. フリクションペンを使って紙に文字や絵などを書く。

2. フリクションペンの頭の部分でこすり、消えることを確かめよう。

3. こすっても紙が破れないようなものを探して、こすってみよう。紙がいたまず、かんたんにきれいに消えるものはどのようなものかな。

4. 書いたものにドライヤーの熱風を当てると、どのようなことが起こるかな？

どうなるかな？

5 書いてある部分、こすって消した部分にコールドスプレーをかけたり、そのまま冷凍庫に入れるとどうなるかな。実際に確かめてみよう。

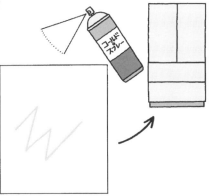

科学の目
消えるインクの秘密

　消せるインクは温度によってその様子を変えることがわかります。摩擦すると熱が発生します。その熱で消えていることは、ドライヤーなどの熱で一気に消えることからもわかるはずです。消えたインクは冷やすことでまた復活します。このタイプのインクは約65度で色がなくなり、約－20度で復活します。65度だと真夏の車の中だと消えてしまう可能性もあるので注意が必要です。

　また、今までのボールペンはかんたんに修正できないということが特徴でしたから、かんたんに修正されると困る正式な書類に利用されてきました。しかし、消えるタイプのインクはそのような書類には使えないことになっています。

実験

⟨カフェインを取り出そう⟩

お茶やコーヒーにはカフェインという物質がふくまれています。カフェインは気持ちをこうふんさせるような作用があるので、ねる前にカフェインをふくんだものを飲むとねむれなくなるという経験をした人もいるかもしれません。そんなカフェインの正体を見てみましょう。

用意するもの

お茶の葉（緑茶や番茶がよい）
アロマ用の容器や加熱器具
（蒸発皿などでもよい）

手順

1 お茶の葉を蒸発皿などに入れる

量が多すぎると、葉の中の水分などでうまくいかないこともある。

量に気をつけて！

緑茶
紅茶
番茶

② 弱火で加熱する

皿の下部からアルコールランプの火などでゆっくり加熱する。加熱中は火がついて燃えてしまわないように目を離さないようにしよう。

③ カフェインの結晶が成長してくる

お茶の葉の表面に針のようなものがのびてくる。この白い針状のものがカフェインの結晶だ。いろいろなお茶で確かめてみよう。

科学の目
クモにも効き目あり

カフェインにはこうふん作用の他に利尿（尿の量を増やす）作用や鎮痛（痛みを軽くする）作用などがあります。風邪薬などにふくまれているのはそのためです。

コーヒーや緑茶・ウーロン茶やココアなどにもふくまれています。カフェインのとりすぎで中毒症状になったり、不眠や頭痛などの副作用もありますので、とりすぎないように注意することが必要です。

きれいな巣をつくるクモにカフェインをあたえると、きれいな巣をつくれなくなることなどが知られています。

太陽をうつす

鏡をのぞくと自分の顔がうつります。その後ろには部屋の様子がうつります。太陽をうつすとまぶしいですが太陽がうつります。これは目に悪いので、のぞくのは絶対にやめましょう。でも、太陽の光は大変強いので、反射させると壁を明るく照らすことができます。実際に実験で確かめてみましょう。

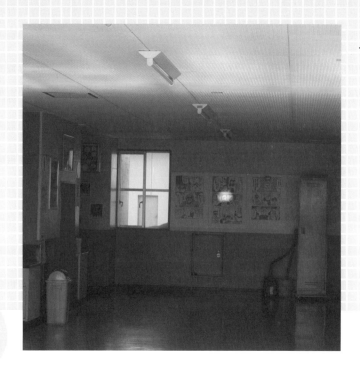

用意するもの
鏡
色画用紙

手順

1 太陽の光を受ける
太陽が出ている時に鏡で太陽の光を反射させよう。壁にはどのような形にうつるかな？

2 鏡に色画用紙で型紙をつけよう
鏡の面に色画用紙でおおいをつけて同じ実験をしてみよう。たとえば星型のおおいをつけるとどのような形で明るくなるだろうか。実際にやってみよう。

③ 壁までの距離を大きくするとどうなるだろう

壁との距離をどんどん離していくと反射した光はどのように変化するかな。実際にうつす距離を長くしていき、変化の様子を確認してみよう。
どのように変化していくだろう。②の鏡も使ってやってみよう。

科学の目
境界を探そう

太陽は、表面の温度が6000度もあり、全方向にものすごい量の光を放っています。太陽から地球までは、光の速さでも8分20秒もかかるほど離れています。あまりにも遠いところからくる光ですから、ほぼ平行に進んでいます。
　近い時には鏡の形だった太陽からの反射光は、壁との距離が離れれば離れるほど、鏡の形からだんだんと丸くなってくるのがわかります。つまり、壁には、はるか遠くにある太陽がうつっているということになるわけです。

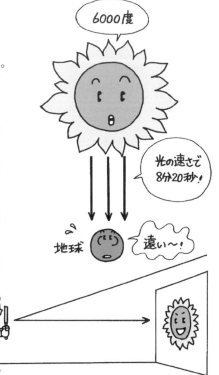

机の上の鏡

ものに力を加えると形が変わります。
これは、どんなものにも当てはまるのでしょうか。
たとえば大きな机なども力を加えると形が変化するのでしょうか。
鏡を使ってどう変化するか実験をしてみましょう。

用意するもの

レーザーポインター
鏡
定規
白い紙　グラフ用紙　など

手順

1 机の上に鏡を置いてセッティングする

机の上に鏡を置いて、別の机からその鏡に向けて光を当てよう。鏡の角度を調整して、反射した光が壁に届くように設定しよう。途中で鏡がずれないようにしっかり固定しよう。

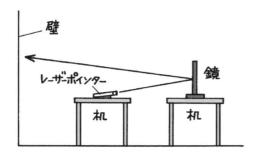

2 反射した光を受ける場所を決める

反射した光がはっきりわかるように、白い紙やグラフ用紙などを壁にはりつけよう。光をつけながらやるとわかりやすい。レーザーポインターと壁はできるだけ離したほうがよい。

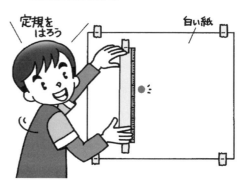

3 机に力を加えよう

鏡が動かないように注意しながら、机を押してみよう。反射した光はどうなるかな。

いろいろな場所を押してみて、どのようになるか確かめてみよう。

4 どうしてこうなるのか考えてみよう

どうしてこのように反射した光は動くのだろう。下の図を見て考えてみよう。光と鏡までの距離と、鏡と反射光がうつるところまでの距離が大きく違うことがわかる。

科学の目

なんでも曲がる

どのような物体でも、力を加えられると変形します。このように変形することを弾性といいます。ゴムなどのように柔らかいものや、タイヤや風船のように内部に空気を入れてあるようなものだと、この弾性ははっきりわかります。

ところが、かたいものだと全く変形しないような気がしてしまいます。実際に実験してみると、このように変形していることがよくわかります。

実験

音は振動

身の回りにはいろいろな音が鳴り響いています。たとえば輪ゴムを弾くとまるでギターのように音が鳴ります。輪ゴムの振動が空気に伝わって耳に届くことで音として感じることができるのです。この音を使って火を消してみることにしましょう。

用意するもの
- スマートフォン
- ろうそく
- マッチ

手順

1 スマートフォンに曲を準備する
いろいろなジャンルの曲を準備しておく。

2 ろうそくを準備
ろうそくに火をつけて倒れないようにしっかり立てておく。この火を振動で消すのがこの実験の目的だよ。

③ スピーカーの位置を確認
スマートフォンは機種によってスピーカーの場所がさまざま。使用するスマホのスピーカーの位置を確認しておこう。

④ 火に近づけて音楽を鳴らす
音楽を鳴らしながらスマートフォンを近づけていくと、ろうそくの炎はどのようになるだろう。

スマートフォンに直接火がつかないように注意して実験してね

科学の目
音は振動で伝わる

音は空気の振動です。振動にはそれを伝えるものがなければ伝わりません。逆にいえば、ものがあれば振動が伝わるのです。たとえば水の中でも音が伝わってくるのがわかるはずです。鉄棒に耳をつけて遠く離れたところをちょっとたたいてもらうだけで、伝わってくるのがわかります。

音が伝わる速さは、空気中よりも水中、水中よりも固体の中というように、だんだん速くなっていきます。試してみましょう。

温められた空気

温められたアスファルトでゆらゆらと空気が動いているのを見たことはありませんか。温められた空気はだんだん上に登っていきます。部屋の空気の温度を測定しても、やはり上のほうの気温が高くなっています。足元が冷えるという経験をしたことがある人もいるはずです。温かい空気がどのように動くのかを確かめましょう。

用意するもの
- アルミの食品用ケース
- ラップなどの芯
- つまようじ
- ハサミ
- ろうそく

手順

1 アルミを羽の形に切る
風車の羽は空気を受けるようにできている。アルミにうまく切れ目を入れて、空気が逃げるように工夫して羽をつくろう。

2 軸受の部分をつくる
アルミケースの中心付近を少しだけへこませ、この箇所を中心にアルミが羽になって回転するようにする。穴を開けてしまうと抵抗が大きくなって回らないので注意しよう。

③ **つまようじの上に置く**
つまようじを何かに固定して、その上にアルミの羽を置く。その周りを手でおおうと羽が静かに回転しはじめる。どうしてかな。

④ **ラップの芯などに固定する**
ラップの芯に羽が乗ったつまようじを固定する。ろうそくを燃やし、静かに芯を近づける。回転はどうなるかな。
ほかの温かいものの上にラップの芯を置いて、回転の様子を調べてみよう。

科学の目
3つの伝わり方

熱の伝わり方には3種類あります。一つは太陽から熱が伝わってくるような「放射」です。これは真空でも伝わってきます。

二つ目は「伝導」です。これは金属などが温まっていくことでもわかる、温かいところからどんどん熱が伝わっていくことです。

そして三つ目がこの実験でわかるような「対流」です。物質は温められると体積が大きくなります。質量は変わらないため、軽くなるようなイメージです。こうやって温まった空気や水は上に上がってきて、今までそこにあったものを押しのけます。すると空気や水には回転するような動きが生じるのです。

実験

ストローをのぞこう

タピオカなどを飲む時の太いストロー。
その中をのぞいてみるとどうなるでしょう。
実際にのぞいてみるだけでなく、いろいろな実験をして
光の反射について調べてみましょう。

用意するもの

タピオカストロー
黒い画用紙

手順

1. タピオカストローの外側に黒い画用紙を巻く。

2. そのままのぞいてみると、リング状の不思議な模様が見えてくる。

おもしろい

③ なぜそのような模様が生まれるのだろうか。ストローを切断し、長さを調整して確かめてみよう。

④ 画用紙に黒い四角を書いて、それをのぞいてみよう。半分だけ見えるようにしてみると、どのように光が反射しているかな。確かめてみよう。

⑤ ストローをつなげて長くするとどのようなことが起こるかな。確かめてみよう。

科学の目

いろいろなパイプをのぞこう

　光はまっすぐ進みます。そして、物にぶつかると反射します。鏡のようななめらかな面では、光は入ってきた時の角度と同じ方向に反射します。これを「光の反射の法則」といいます。ザラザラのものはあらゆる方向に光が反射します。タピオカストローの中ではまるで鏡のように光が進みます。長さによって、はね返る回数が変わってくるので、見え方が変化するのです。

実験

浮沈子をつくる

浮き袋を使ってプールや海で浮かんだことがあると思います。空気がぬけてくると浮く力が弱まってきます。この浮く力のことを浮力といいます。沈みそうで沈まないバランスのものを水の中に入れて遊んでみましょう。

用意するもの
- しょう油などを入れる小さな容器
- 大きなペットボトル
- アルミの針金

手順

1　針金を巻いてバランスをとろう
小さな容器に適量のアルミの針金を巻きつけて水に入れる。容器が下に沈まないように、でもプカプカと浮かばないような、ちょうどよいバランスになるように針金の量を調整する。

2　ペットボトルに入れる
調整した容器をペットボトルに入れて水で満たす。しっかりとキャップをしたら、準備は完了。

③ ボトルを強くにぎってみよう

ペットボトルを思いきりにぎってみよう。中の容器はどうなるだろうか。もし何も起こらなかったら、ほんの少しだけ容器に針金を巻いてみたり、力の強い人ににぎってもらおう。

④ 針金の量を調節してみよう

一つ完成したら、針金の量をいろいろ調整して、いくつかの容器を入れて実験してみよう。

科学の目
ハンドパワーが伝わる

強く押した時にどのようになるかを考えてみましょう。ペットボトルを強くにぎると、その力はペットボトルの中の水に伝わり、その水は小さな容器を押すことになります。容器には空気が入っていますから、押されるとちぢみます。体積が小さくなるからです。

小さな容器にはふたがついていますから、重さは変化せずに体積だけが小さくなります。するとしぼんだ浮き輪のように浮き上がる力（浮力）が小さくなって沈んでしまうのです。この容器のことを「浮沈子」と呼びます。

実験

尿素ツリーをつくろう

尿素というとひびきがあまりよくないですが、肥料やハンドクリームなどに使われている身近な物質です。この物質は、たいへん水に溶けやすい性質です。この尿素を使って、実験してみましょう。

用意するもの

- 尿素（ホームセンターの肥料コーナーにあります）
- 尿素を溶かす容器
- イチゴケースなど
- 中性洗剤　クレンザー
- 洗濯のり（PVA）
- モール

手順

① 土台をつくろう

尿素の結晶を育てるために土台をつくる。尿素の結晶は、とがったところで成長しやすくなるので、モールなどを組み合わせるとよい。

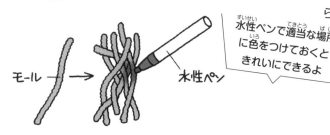

水性ペンで適当な場所に色をつけておくときれいにできるよ

② 尿素の溶液をつくる

尿素は大量に水に溶ける。効率よく溶けるように、100gの尿素を100mLの水に溶かす。この時、水温が低いと時間がかかるので、やけどに注意して温めながら行おう。

③ 尿素液を調整する

尿素水溶液に、食器用の洗剤を数滴、洗濯のり（PVA）を5mL、クレンザーをほんの少し追加する。こうすることで、結晶をじょうぶにするはたらきをする。

④ ケースに入れて結晶を育てる

イチゴケースなどの大きめな容器に土台を置いて、尿素液を上からかけながらぬらしていく。
どのように変化するかな？ 楽しみにしながら数日置いておこう。

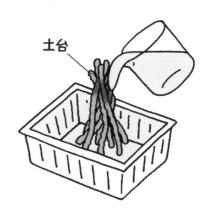

科学の目

尿といっても……

尿素というのは漢字に表れているように「尿」にふくまれています。尿素はわたしたちが食べた食品からつくり出されます。食べた食品のうち、体をつくるのに絶対に必要なタンパク質。タンパク質には窒素という成分がふくまれています。この窒素は、体内でアンモニアをつくり出してしまいます。これは人体にとっては有毒な物質なので、肝臓で尿素につくり変えられるのです。それを腎臓でこしとり、尿として排出しています。

では、なぜ肥料コーナーに尿素が売られているのでしょうか？ 植物を健康に育てるために絶対に必要な肥料分は、窒素（N）リン（P）カリウム（K）です。尿素には窒素がふくまれているので、尿素を肥料として利用するのです。

流れる水のはたらき

わたしたちの住んでいる地球にはさまざまな地形が見られます。そこには水の影響を受けたものも多くあります。雨が降り、その水が川を流れ、海や湖などにたどり着くまでの間、どのようなことが起こるでしょうか。実際の岩石ではわかりにくいので、別なモデルを使ってシミュレーションをしてみましょう。

用意するもの

生け花用のオアシス
（吸水スポンジ）
大きめのプラスチックボトル

手順

1　オアシスをサイコロ状に切る

プラスチックボトルの口の大きさに合わせて、オアシスをサイコロ状に切る。比較するために、同じ個数ずつに分けておく。

2　ボトルに入れて水を追加する

2本のプラスチックボトルに、同量のサイコロ状のオアシスを入れて、しっかりフタをする。

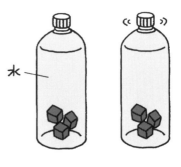

③ **振り方を変えて実験する**

片方のボトルははげしく振り、もう一方は静かに振ってみる。

50回振ってオアシスを1つ取り出し、再び50回振って1つ取り出す、という作業を繰り返す。

④ **できたものを並べて比較**

取り出した全てのオアシスを並べて比較してみよう。オアシスはどのように変化しているかな。振り方の違いは何に相当するのだろう。ボトルの中のオアシスの破片は何を表しているのだろう。

科学の目
石をもこわす水の力

岩石がくずれていくのは水のはたらきだけではありません。たとえば岩石が強い太陽の熱で温められて膨張し、夜の間に冷えたりすることで収縮することを繰り返すことも大きな原因になります。

また、すき間に水がしみ込み、その水がこおって岩をくだくこともあります。このようにしてかたい岩石でも少しずつ少しずつくずれていきます。このことを風化といいます。細かくなった岩石はやはり水などで運ばれて海などにたまります。大きな粒は海に出てすぐのところに沈み、細かなものほど遠くに運ばれます。これがどんどん積もっていくと地層になり、やがてかたい岩石になるのです。

かんたん！おいしい！ ノンアルコール甘酒（あまざけ）

麹（こうじ）って知っていますか。正式（せいしき）にはニホンコウジカビを米（こめ）の表面（ひょうめん）に繁殖（はんしょく）させたものです。この麹は、日本（にほん）では昔（むかし）から使（つか）われていて、日本酒（にほんしゅ）やみそ、しょう油（ゆ）づくりには欠（か）かせません。そんな麹（こうじ）を使（つか）って、体（からだ）によい甘酒（あまざけ）をつくってみましょう。

用意（ようい）するもの

- 麹（こうじ）―500g
- 米（こめ）―茶碗（ちゃわん）1杯（ぱい）
- 水（みず）―700〜900mL
- 炊飯器（すいはんき）　なべ
- 冷蔵用（れいぞうよう）の容器（ようき）　など

写真提供（しゃしんていきょう）：株式会社（かぶしきがいしゃ）　秋田今野商店（あきたこんのしょうてん）

手順（てじゅん）

① 炊飯器（すいはんき）にお湯（ゆ）を入（い）れ保温（ほおん）ボタンを押（お）し、釜（かま）を温（あたた）めておく。

② 麹（こうじ）は固（かた）まりがないようにほぐしておく。

③ やさしくといで水にひたした米（1時間程度）と等量の水でなべなどでおかゆをたく。

④ 米に割れ目が入りのり状になったら火を止め、60度程度に冷ます。

⑤ 麹を入れて均一にまぜる。

⑥ ①の炊飯器のお湯を捨て、⑤を炊飯器に移し、4～6時間程度保温する。

⑦ 冷蔵用の容器に入れかえ、冷蔵庫などで急速に冷やす。

⑧ 2倍に薄めて温め、好みでしょうがなどを入れてできあがり。

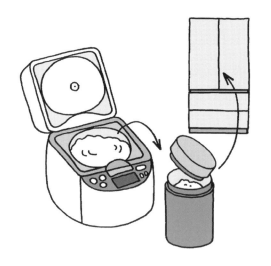

薄めずに、料理の甘味や漬物などの調味料としても使うことができるのよ

科学の目
国の菌「ニホンコウジカビ」

　ニホンコウジカビはコウジカビの仲間ではもっとも有名といってよいでしょう。この実験のように、デンプンを分解して糖にするだけでなく、タンパク質も分解します。それらの力を利用して、しょう油やみそづくりだけでなく、お酒づくりなどにも利用されます。このカビから抽出した酵素を胃腸薬としても利用しています。2006年に、国の菌として認定されました。
　コウジカビも生きていますから、活動できる温度には限界があります。コウジカビが出すさまざまな酵素もタンパク質なので、低温や高温にするとはたらきが弱まります。特に高温側では60度を越えると二度とはたらけなくなるので、料理に活用する時には注意が必要です。

カビやキノコの生活

　カビとキノコを生物の世界では「菌類」と呼んでいます。両方に共通していることがあります。
　菌類は胞子を使って仲間を増やします。カビには独特な色があります。たとえばみかんに生えるカビはそのまま放置しておくと緑色になります。緑色の部分は胞子をつくっている部分なのです。コウジカビの胞子にも色があります。品種によって違い、黒から黄色、白までさまざまな胞子の色があります。
　菌類ですからキノコも胞子で増えます。シイタケなどを黒っぽい紙の上に置いて茶碗などをかぶせて1日置いてみましょう。すると、写真のように胞子が出ているのがわかります。
　胞子がつくと、そこから菌糸という糸状の体を伸ばしていきます。ここからさまざまな酵素を出して溶かし、自分の活動のエネルギー源を得ているのです。
　たとえば生きているカマンベールチーズの場合を考えてみましょう。表面に生えているカビによって、チーズの内部はどんどん分解されて変化していくので、その時その時によって独特な風味が生み出されるのです。

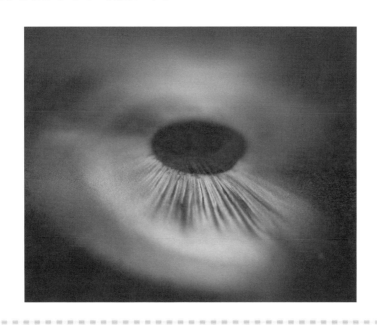

＜カイロの温度を測定しよう＞

　携帯用カイロは大変よくできています。大まかな反応は鉄粉が空気中の酸素と結びつく時の熱を利用しています。反応をゆっくり、そして長時間もたせるために、さまざまな工夫がされていて、食塩なども入れられています。単純に鉄粉と食塩をまぜて混合しただけだと、発熱時間はわずかで、熱も80度以上まで上がることがあります。実際に売られているカイロを使って実験をしてみましょう。

用意するもの
携帯用カイロ
温度計
紙コップ　など

手順

① まずはカイロそのままで
カイロは特殊な繊維でできた袋に入っている。まずはカイロを外側のパッケージから出して、5分に一度くらいのペースで温度を測定してみよう。

② 袋から出してみる
次に袋をやぶいて、中に入っているものを容器に取り出し同じように実験してみよう。
温度変化はどのように変わるかな。

データは表にしてグラフなどにすると、変化がよくわかるよ

③ 少し水を足してみよう

袋から出して少しだけ水を足してよくかきまぜて同じように実験してみよう。温度変化はどのようになるかな。

④ 食塩を足してみよう

最後に、初めから少し入っている食塩をもう少し追加して実験をしてみよう。どのような温度変化をするかな。

科学の目
袋がポイント

物質が空気中の酸素と結びつく反応を「酸化」といいます。このような反応では熱が発生します。携帯用カイロはこの反応をゆっくり進めるように、さまざまな工夫をしてつくり出されたものです。

実験してわかるように、袋から出して実験するとなかなか反応時間が長くは続きません。中に入れる薬品の割合だけでなく、袋の素材も工夫されているのです。

ロケットモデルをつくろう

日本でもいろいろなロケットを打ち上げており、人工衛星を打ち上げることがふつうになりました。とがった筒状のロケットのモデルをつくって、どのようにしたらまっすぐ飛ぶのか、遠くまで飛ぶのかを調べてみましょう。

用意するもの
ビニールのかさ袋
色画用紙
セロハンテープ　など

手順

1　かさ袋をふくらまそう
かさ袋に空気を入れ、口のほうをセロハンテープでしっかり止める。

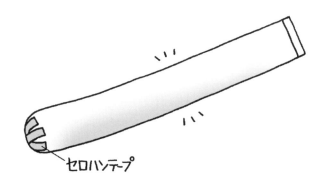
セロハンテープ

空気がもれていないかしっかり確認してね

② そのまま飛ばしてみよう

体育館などの天井の高いところで、かさ袋を持ち、反対の手で思いきりたたいてかさ袋を飛ばしてみよう。どのように飛ぶだろう。まっすぐ飛ぶかな。

③ 先端をとがらせよう

色画用紙を円すい形に丸めてとがらせ、かさ袋の先に取りつける。
②と同じように飛ばしてみよう。先ほどと比べると、飛び方に変化があるかな。

④ 反対側に羽をつけてみよう

色画用紙の下のほうに羽をつけてみよう。どのような形にするか、何枚にするかなど、条件を変えて実験して、一番遠くに飛ぶもの、一番まっすぐ飛ぶものなどを見つけだそう。

科学の目

ロケットの歴史

日本のロケット開発の歴史を振り返ってみましょう。1950年代に糸川英夫さんが30cmくらいしかないロケットを打ち上げました。もちろん、人工衛星を打ち上げることなどできませんでした。ロケットは徐々に大きくなり、現在はJAXA（宇宙航空研究開発機構）を中心にさまざまな研究を進めています。また、民間でもロケットの研究が進み、実際にロケットの打ち上げに挑戦しています。

ただ、日本は宇宙飛行士が乗ったロケットの打ち上げは行っていません。ほかの国の有人ロケットの打ち上げに参加するしかないのです。しかし、2020年には日本独自で有人宇宙飛行を成功させたいと計画されています。

みかんの皮で実験

みかんの仲間を柑橘類といいます。ふつう柑橘類は、外側に厚めの皮があり、その皮をむいて内側を食べますね。外側の皮をむく時、油のようなものが飛び出してびっくりしたことはないかな。この油のようなものの性質を調べてみましょう。

用意するもの
- 柑橘類
- ろうそく
- 発泡ポリスチレン（食品トレイなど）
- 油性インク

手順

1 みかんの皮をむいてみよう
みかんの皮をよくみると、皮の中に粒々があり、その皮の中には液体がふくまれている。皮をつぶすようにして、その液体をしぼり出して手触りを確かめてみよう。

2 炎に向けると
手触りを確かめると、ただの液体ではなく、油のような感じがする。実際にろうそくの炎に向けてこの液体を飛ばしてみよう。どうなるかな。

③ **発泡ポリスチレンにかけてみよう**
この液体を食品トレイなどにかけてみよう。どのようなことが起こるかな。

④ **油性ペンで書いたものにかけてみよう**
油性ペンで書いたところにかけてこすってみよう。水でこすった時と比べると、どのような違いが起こるかな。

科学の目
洗剤にも使われるよ

　柑橘類の果皮にある粒を油胞と呼びます。この中には、リモネンと呼ばれる油分がふくまれています。さわやかな柑橘系の香りの原因の物質がこのリモネンです。リモネンは洗剤にも使われていますが、プラスチックのリサイクルにも利用されています。リモネンに発泡ポリスチレンが溶けることからわかるように、たくさんの空気をふくんでいる発泡ポリスチレンをリモネンで溶かし体積を小さくします。ポリスチレンを溶かしこんだリモネンを薬品で処理して、再びポリスチレンを取り出して利用することが可能なのです。

静電気の実験

「バチッ」ときて不快な静電気。
冬になると特に気になる静電気ですが、
どのような性質があるのかを実験で確かめていきましょう。

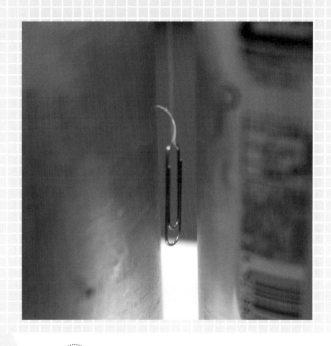

【実験1】

用意するもの

- 紙に包まれたストロー
- ホチキス
- 糸

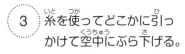

手順

1. ストローを袋のまま半分に切る。

2. 片方のストローを少しだけ出し、ホチキスをはみ出すように打って、はみ出した部分に糸をつける。

3. 糸を使ってどこかに引っかけて空中にぶら下げる。

4. ぶら下げたストローの紙袋を引っぱって袋を取る。

5. もう片方のストローを袋から出し、ぶら下がったストローに近づける。
また、袋のほうもぶら下げる。
どのように動くかな。

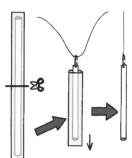

近づけるとどうなる？

科学の目
バランスが大切

静電気は摩擦電気とも呼ばれます。普通、物質は＋と－の性質の電気を同じ量だけもっています。しかし、摩擦すると－の性質をもった小さな粒子が移動します。この小さな粒子を電子と呼んでいます。電子が出て行ったら＋に、電子がたまったほうは－になるのです。磁石のN極、S極と同じように、同じ極同士は反発し、違う極同士だと引き合います。紙袋入りのストローの場合、紙が＋極、ストローが－極になっています。このように電気的に＋－のバランスがくずれている状態を帯電しているといいます。

【実験2】

用意するもの
- 塩ビパイプ
- スズランテープ（荷づくり用のひも）
- ティッシュペーパー

手順

1. スズランテープ（2枚重ねになっている）を15cmくらい切り、重なっている部分を開く。一端を固くしばって、重りになるようにする。

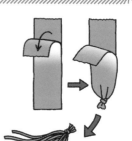

細くさく

2. 細くさいて全体のバランスを整える。

3. 塩ビパイプをティッシュペーパーなどでこすり、静電気を発生させる。

4. スズランテープを空中に放り投げ、塩ビパイプを接近させる。

5. 静電気で反発するので、うまく空中に浮かべることができるように調整してあやつろう。

科学の目
空中浮遊のしくみ

塩ビパイプを摩擦すると静電気が発生します。スズランテープも同じように帯電するので反発します。静電気を大量にもっているのと、スズランテープは大変軽いので、重力に逆らって空中に浮遊させることができます。このスズランテープは、多くの場合、人にはくっついてきます。着ているものにもよりますが、逆の電気をもっているわけです。

【実験3】

用意するもの
塩ビパイプ　糸　クリップ　紙やすり　ティッシュペーパー
アルミ缶２個　発泡ポリスチレンなどの板　割りばし　など

手順

1. アルミ缶の一部の塗料を紙やすりでけずり取っておく。

2. アルミ缶を発砲ポリスチレンの板にのせる。これはたまった静電気を逃がさないようにするため。

3. クリップに糸を通して割りばしにくくりつける。それをアルミ缶の上に渡して、塗料をはがした部分にくるように調整する。

4. 空き缶の間にクリップがくるように調整しておく。

5. 塩ビパイプをティッシュペーパーなどでこすって静電気を発生させ、片方の空き缶に近づける。それを数回繰り返すと、クリップがだんだん缶に接近してくる。

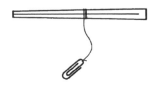

7 やがて、クリップが2つの空き缶をノックするようにカタカタと行き来し止まる。

6 止まったら、反対側の缶を動かないように注意して静かに手で触ってみよう。どのようになるかな。

科学の目
たまった電気で動く

塩ビパイプにたまった静電気は片方のアルミ缶にたまっていきます。たまった量が増えてくると、クリップを引きつけて、クリップに静電気が移動します。引き寄せられた反動で、反対の缶にぶつかったクリップから、静電気は反対側の缶に移動します。これを何度か繰り返すと、2つの缶の静電気の量が同じになってクリップの動きが止まるのです。手でアルミ缶を触ると、片方にたまった静電気が逃げて行きますから、再び同じような動きをはじめるのです。

【実験4】

用意するもの

ウールなどでできたセーターや化学繊維の服

1 できるだけ暗い部屋に入って、セーターや化学繊維の着ているものをよく摩擦させる。

2 着ているものを一気に脱いで静電気の発生の様子を確認してみよう。自分でわからない場合は、家の人に協力してもらったり、スマホなどで録画して様子を観察してみよう。

科学の目
帯電列

この実験は冬になるとよくわかります。夏の間も摩擦によって静電気は発生していますが、空気中にたくさんの水蒸気があるために、静電気が逃げるのであまり感じることがないのです。

また、発生する静電気の量や＋－は、こすり合わせるものによって変わります。静電気の帯びやすさや、＋－へのなりやすさの順に並べたものを帯電列といいます。

ジュースで実験

今は実にいろいろな種類のジュースが売られています。
そのうち、果汁をふくんでいるジュースを使って水溶液の性質を調べてみましょう。
リトマス紙の代わりになるものはあるでしょうか。

用意するもの

果汁入りのジュース（野菜ジュースなどでもよい）
白いトレー　スポイト
色鉛筆　酢
せっけん液（中性洗剤でないもの）
びん　など

手順

① 白いトレー（絵画用のパレットだと利用しやすい）にジュースを入れておく。

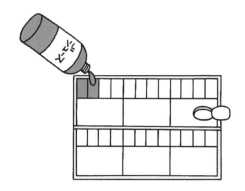

② 酸性とアルカリ性の水溶液として、酢とせっけん液（固形せっけんを水に溶かしたもの）を利用する。それぞれの液をびんに用意しておこう。

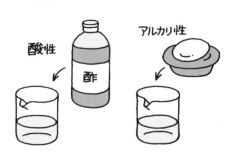

③ ジュースに酸性・アルカリ性の水溶液を一滴ずつ入れて色の変化を確かめよう。

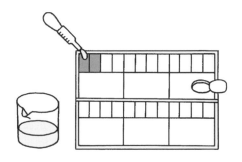

④ 色鉛筆を使って、どのような色に変化したのかを記録しておこう。

⑤ ジュース以外でも同じように確かめてみよう。

紫キャベツや赤カブなど、身近な色付きの野菜を細かくきざんで一度冷凍し、その後、水に入れておくと色素が出てくるんですって

科学の目
野菜の色素変化

果物の色のうち、もっとも色の変化が明確なものはアントシアニンと呼ばれる色素です。ブドウの皮や紫キャベツ、赤カブにふくまれるものはこの色素です。この色素は、酸性では赤っぽく、アルカリ性では青っぽく変化します。

ニンジンなどにはカロテンという色素が、トマトなどにはリコピンという色素がふくまれています。これらの色素は、酸性やアルカリ性で変化するでしょうか？　実際に確かめてみましょう。ジュースにもなっているので、それで調べてみることも可能です。

卵で実験

スーパーマーケットなどで売られている卵。いろいろな料理に使われますが、生卵とゆで卵の見分け方はわかりますか？ 割らなくてもかんたんにその違いを発見する方法があります。どのような方法でしょうか。

用意するもの
卵
温度計
ストップウォッチ
ほうちょう なべ など

手順

1 卵をゆでよう
卵が割れないように注意して固ゆでのゆで卵をつくってみよう。完成したら、生卵とゆで卵の外観を比べて違いがないか観察してみよう。

2 卵を回転させてみよう
生卵とゆで卵を平らなテーブルの上で回転させてみよう。どんな違いが起こるだろうか。
回りにくいのが生卵、わりと長い時間回っているのがゆで卵。どうしてこのような違いが起こるのだろうか。

③ 半熟卵ならどうなる？ 温泉卵ならどうなる？

ゆで卵をつくる時に、ゆでる時間を短くすると、卵白は固まっていて卵黄がドロドロの半熟卵ができる。また、70度くらいのお湯でゆで卵をつくると、卵黄は固まって卵白がドロドロの温泉卵ができる。卵の大きさがそろっている一つのパッケージからとった卵で、それぞれの卵をつくってみよう。

④ 4種類の卵でデータを取ろう

4つの条件の卵ができたら、それぞれの回転のしかたを実際に調べてみよう。回転させて何秒間回ったままでいるのかというデータをとってみよう。

1回ではなく何度も何度も実験して、それぞれの卵の回転時間の平均をとってグラフなどにして比較してみよう。

また、いろいろなゆで時間で実験してみよう。実験が終わったら内部の状態をほうちょうで切って確認しよう。

科学の目

何度も試してみよう

　生卵が回転しにくいのは「殻を回しても、液体に近い内部がそのまま止まっていようとする」からです。このような動きを慣性といいます（p56「みそ汁で遊ぶ」参照）。

　固ゆでの卵では、殻も内部も固体になっていて一体化していますから、すぐに回転するわけです。

　この性質を考えると、内部がいろいろな状態に変化する卵で実験をすると、なかなかおもしろい結果が得られそうです。実験は一度やって終わるということがありません。何度も実験をしてデータを集めてみるのはなかなかおもしろいものです。

卵の大きさの比較

　鳥類の卵はどれも似たような形をしています。ニワトリの卵と比較するととがっているものや、もっと丸いものもありますが、硬い殻をもっているのが特徴です。

　卵の大きさを比較してみましょう。大きな鳥といえばやはりダチョウです。オスのダチョウは体長が2m以上あり、体重も150kgにもなります。もちろん卵も大きくて、その重さは1.5kgほどもあります。ニワトリの卵の20倍～25倍もあるのです。殻の厚みも2mmほどあって、人が乗っても割れないほど丈夫です。

　逆に一番小さな卵を産む鳥は、ハチドリです。空中でホバリングして静止することができるハチドリは、重さわずか0.5g、高さ1cmほどの卵を産みます。一番小さなマメハチドリは、成長しても6cm、重さも2gほどしかないので、卵が小さくても不思議ではありません。

　ニュージーランドにキウイという鳥がいます。ダチョウの仲間で飛ぶことができませんが、大きさはニワトリほどの大きさです。ところが、その卵の大きさが異常なほど大きいのです。1個500g以上の卵を産む種類もいるほどです。イラストを見てもわかるように、産卵するのは大変そうです。

　体に対する大きさで考えると間違いなくキウイがもっとも大きな卵を産むといってよいでしょう。

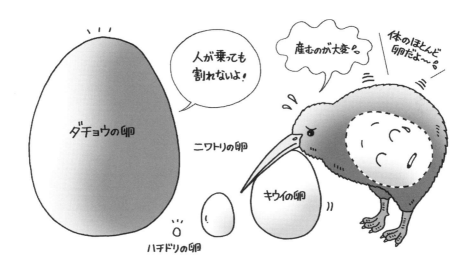

みそ汁で遊ぶ

みそ汁やスープにはいろいろな具を入れますね。みそ汁やスープに浮かんでいる具をじっくり見ていると、おもしろいことがわかります。ここではネギのみそ汁をつくってどんなことが起こるのか、実験をしてみましょう。

用意するもの
- みそ汁（スープでもよい）
- 具（ネギなど浮かぶものがよい）
- おわん

手順

1　みそ汁をつくる
ネギを小口切りにし、みそ汁をつくる。

2　おわんを回転させる
おわんの一部に目印をつけて、おわんを持つ。おわんを水平にしたままクルッと回すと、中の具はどうなるかな。

(3) おわんを持って自分が回転する

おわんを動かさないように両手でしっかりと持ち、自分が回ってみよう。中の具はどのように変化するかな。

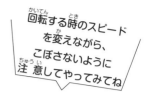

回転する時のスピードを変えながら、こぼさないように注意してやってみてね

こぼさないように…

おわんを動かさないように、自分が回るよ

科学の目

身近なもので感じる「慣性」

おわんの中のみそ汁の動きはどうでしたか。動かし方にもよりますが、おわんを回しても、中の具はすぐには動かなかったのがわかったと思います。

このように、物体には「止まっていたものは、そのまま止まっていようとする」とか「動いていたものは、そのまま動き続けようとする」という力がはたらきます。この力のことを「慣性」と呼んでいます。

たとえば、電車に乗っていてブレーキがかかったら進行方向に力がかかったり、急に動き出した場合は後ろに転びそうになったりしますね。そのはたらきもこの慣性です。

カップのプリンやゼリーを持って、その場で自分が一回転してみましょう。カップから中味がきれいに取れますよ。なぜかな？ 理由を考えてみましょう。

電車がブレーキかけたら…

急に出発したら…

あと！

ピーナッツの力

ピーナッツにはたくさんの栄養分がふくまれていますが、脂肪分もたくさんふくまれています。ピーナッツにふくまれている脂肪分を燃料にして、お湯をわかすことはできるでしょうか？ 実際にお湯をわかしてみましょう。

用意するもの

- ピーナッツ
- 小さなビーカーやフラスコ
- クリップ　など
- 水　ライター
- 温度計

1. 容器に水を入れて加熱できるようにセットしよう

   はじめに水温を測っておく

   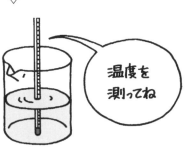

   温度を測ってね

   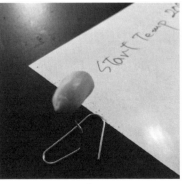

2. ピーナッツをセットしよう
   ピンやクリップなどを工夫して一粒のピーナッツを固定する。

   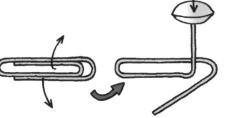

③ **ライターで着火する**
すぐに容器を炎の上にくるようにセットし、ピーナッツにライターで着火する。

④ **一粒のピーナッツで何度上がるだろう**
水は100度で沸騰する。一粒のピーナッツで水温が何度上昇したのかを基にして、予測してから実験してみよう。

何度になるかな？

科学の目
土にもぐって実ができる

ピーナッツはラッカセイという植物の種子です。漢字では落花生。字の通り、花が咲いた後、花は土の中にもぐっていきます。そして、葉でつくった栄養分を蓄えて成長していきます。チャンスがあったら、種子を入手して大変珍しい成長の様子を見てみましょう。もちろん、食用に売られているピーナッツは植えても芽を出すことはありません。実験する時は、専用の種子を購入しましょう。

おもしろい

土の中にもぐっていくよ

実験

観察 魚の耳石を集めよう

頭から丸ごと魚を食べたことはありますか？　何だかジャリッという食感を感じたことがある人もいるかもしれません。魚は脳の近くに石を持っています。「耳石」といいます。ほかの骨と違って真っ白で硬い耳石は魚の種類によって形が違っていて、なかなかおもしろいものです。実際に耳石を取り出してみることにしましょう。

用意するもの
- 魚の頭部
- つまようじ
- 保管用ケース

ほかの骨と違って真っ白なのでわかりやすいよ

手順

1 魚の頭を用意する
まずは数をこなすことができる、シシャモなどの小さな魚で練習してみよう。

2 取り出してみよう！
写真のような場所に耳石が入っているので、つまようじを使ってうまく取り出そう。

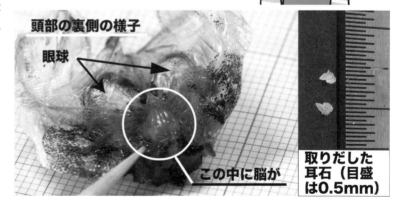

頭部の裏側の様子　眼球　この中に脳が　取りだした耳石（目盛は0.5mm）

③ いろいろな魚から耳石を集めよう

取り出した耳石はケースなどに入れて保管しておこう。

④ じっくり観察してみよう

透明度の高いものを選んで光にすかしてみると、年輪のようなものが見える。どのような模様になっているのか比較してみよう。

- 骨と同じなのでくさることはありません。
- 骨と違って脂もふくまれていないので変色することもありません。

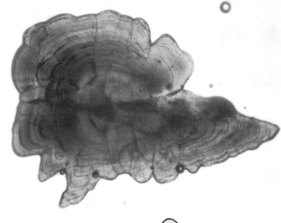

耳石の種類によっても違うので、いろいろな魚でためしてみよう

おもしろい

観察

科学の目
耳石からわかること

　研究者たちは、耳石からいろいろな情報を集めています。観察したらわかるように、耳石には年輪のような模様が見えます。この模様を観察すると、この魚が成長した時の海水の温度や餌の状態もわかるのです。

　また、集めてみるとわかるように、種類によって大きさも形も全然違います。魚体が大きいと耳石が大きいということもなく、多くの場合、海底に近い場所で生活しているような、カレイの仲間やタラの仲間の耳石は大きく、マグロやブリのように水面の近くを活発に活動している魚類は小さくなるという傾向があるようです。

大きいよ

小さいよ

エビの解剖

わたしたちがよく食べているエビは甲殻類と呼ばれます。甲殻類はさらに上のグループ分けでは昆虫と同じ仲間の節足動物というものにふくまれます。このエビを解剖して、体のつくりを観察してみましょう。

用意するもの
- エビ
- ピンセット
- あれば顕微鏡
- 画用紙　など

手順

1. 殻がついたままのエビを購入する。

触覚の部分を切ってあるものでも大丈夫よ

② ピンセットを使って殻の部分を順番にバラバラにして、それを画用紙などの上に順番に並べていく。
意外にたくさんのパーツに分かれるので、エビの大きさよりもかなり大きな紙を用意しよう。

③ 頭部からは目の部分をとって顕微鏡で観察してみよう。
昆虫のように複眼のようになっているが、六角形ではなく四角形の集合体になっていることがわかる。

科学の目

カニもそうかな？

　節足動物であるエビは、体の外側が硬く、内側に筋肉がついています。このような骨格のつくりを「外骨格」といいます。節足動物は全て外骨格でできています。外側が硬い殻なので、外からの刺激には強いですが、成長する時に問題が起こります。殻を脱がなければ大きくなれないのです。そのため、脱皮を行います。その時が、外骨格の動物たちにとってもっとも不利な時期なのです。
　節足動物とはいえ、「節」でできているのは足だけではありません。エビを解剖してみるとわかるように、体の全てが節になっているのです。

63

魚はどのように情報を得るのかな

最近では魚は、スーパーマーケットでも丸ごと1尾で購入できますね。水の中で生活している魚には、普通大きな目があり、目からの情報は得ているようですが、わたしたちのように五感はあるのでしょうか？　実際に魚を観察してみましょう。

用意するもの
いろいろな魚
ピンセット　など

手順

1　鼻はあるかな

わたしたちの鼻は2つの穴が空いている。時々つまっていることはあるが、息を吸うと2つの鼻の穴から空気が入ってきて、においを感じることができる。魚には鼻の穴があるのかな。実際に観察してみよう。

2　魚の鱗を観察しよう

魚の鱗を見てみよう。魚を横から見ると、頭から尾まで線のようなものがある。その上の鱗とほかの部分の鱗を比べてみよう。

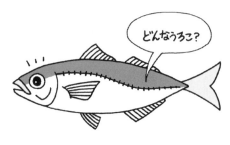

3. **口の中を見てみよう**

魚の口の中をのぞいて見よう。舌があるかな？ 自分の舌と比較して違いを探してみよう。

科学の目

まさか穴が4つとは!?

魚は水中で生活しますが、さまざまな方法で外界の情報を得ています。

わたしたちの目の構造とはずいぶん違いますが、多くの魚類が高い視力をもっています。目を解剖してみると、真球のレンズが見つかります。実際にレンズを取り出して物が拡大される様子を観察してみましょう。

頭部から尾にかけて見られる線を側線といいます。側線上の鱗はよく観察すると他の部分の鱗と違います。一部に穴が空いているのです。その穴から水の動きを感じとり、情報として活用しています。

鼻にはわたしたちと違って4つの穴があります。前方の穴から入ってきた水のにおいを感じ取り、後方の穴から放出しています。

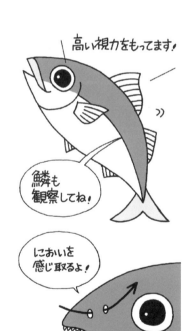

観察

手羽先の標本をつくろう

スーパーマーケットで売られているニワトリの手羽先は、人の腕に置きかえると、ひじから先の部分です。比較的安く手に入れることができる手羽先を使って、筋肉と骨の仕組みや、骨格標本をつくってみましょう。

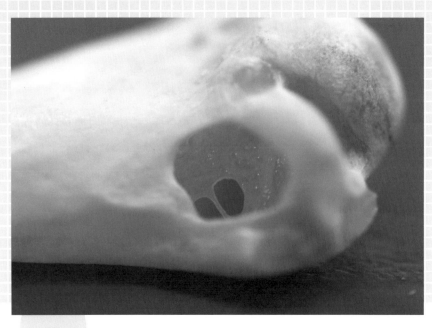

用意するもの
- 手羽先
- キッチンバサミ など
- 酸素系漂白剤
- ネット
- 鍋

手順

1 外部を観察しよう

手羽先の外部を観察してみよう。鳥類の皮膚は本来羽毛でおおわれている。皮膚についている模様は羽毛があった証拠だ。全体の場所を確認して、どの部分に羽毛が多いのかスケッチしておこう。

2 皮をはがして筋肉の様子を確認しよう

キッチンバサミを使って、筋肉を破損しないように注意しながら皮をはがしていく。

「裏側からはがすとうまくいきます」

③ **筋肉をバラバラにしよう**
筋肉はいくつかの束になっていることがわかる。束をこわさないように注意してバラバラにしていく。

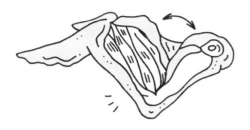

④ **引っ張ってみよう**
筋肉を引っ張ってみて、どのように動くか確認しよう。動物が動くことができるのは、筋肉が隣の骨を引くからだよ。筋肉の端は「腱」と呼ばれている。

⑤ **筋肉を外していく**
骨格標本をつくるために、筋肉をどんどん取り外そう。キッチンバサミを使って腱の部分を切る。できるだけ多くの筋肉を取り外して骨格にしよう。

⑥ **いよいよ骨格標本づくり**
骨格標本にする時、保存していて問題になるのが残った肉だ。はじめからできるだけ肉の部分を取りのぞいたほうがきれいな標本をつくることができる。そのためには、まず筋肉を取り去ったものをゆで、ゆでたものから、さらに肉をていねいに取りのぞく。

7 油分をぬこう

骨をそのまま乾燥させても、内部からは油が出てくるので、それを止めるために洗剤で処理をしよう。骨をより白くするために、酸素系の粉末漂白剤を使用する。取り出した骨を容器に入れて、上から粉末洗剤をかけ、熱湯をかける。泡が出てくるので、大きめの容器を用意しよう。

8 じっくり仕上げる

油をぬくために、1週間ほどそのまま放置しておく。すると、残っていた細かな肉もきれいに溶ける。小さな骨を流さないように注意して、よく水洗いして乾燥させる。

よく水洗いして乾燥させてね

9 骨を並べて完成

図を参考にして、骨をきれいに並べよう。骨つきの鶏肉はフライドチキンの店などでも手に入るので、同じような方法できれいな骨格を取り出してみよう。

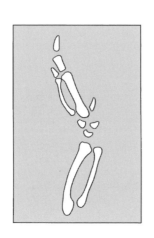

鶏丸ごとにも挑戦したいな

科学の目
骨にも工夫がある

　ニワトリは普通飛ぶことがありません。それでも、全身の形は飛ぶ鳥に似ています。胸の筋肉が発達していて、翼を動かすことができるようにできています。その筋肉が「ささみ」と呼ばれる肉です。

　飛ぶための仕組みを考えてみましょう。大切なことは軽いことです。できあがった手羽先の骨を持ってみると、意外と軽いことがわかります。鳥類の骨格は軽くて丈夫な「つくり」になっています。手羽先の骨格を複数個つくって、一つを割ってみると中の構造がわかります。

　中は中空ですが、両端の部分はタワーのように細かく補強されています。軽くて丈夫な骨でなければ、羽ばたいて自分の体を持ち上げることはできないからです。

コラム
骨も生きている

　わたしたちの体を支えている骨は強くて丈夫です。この骨を丈夫にするためにカルシウムが必要なことは有名です。

　ところが、骨は完成してしまったら終わりというわけではありません。骨も細胞でできていて生きているのです。わたしたちの爪や髪の毛、皮膚のようにどんどん成長しています。といっても、骨の成長はなかなか複雑です。爪のように伸びてしまうと大変なことになりますね。骨には骨をこわす破骨細胞と骨をつくる骨芽細胞の2つがあります。毎日破骨細胞が骨の細胞をこわし、骨芽細胞をつくるという作業をしています。ですから、特に成長期の人は骨の成分をつくるカルシウムとタンパク質が必要なのです。

　また、骨の中には骨髄と呼ばれる血液をつくるものがたくさんふくまれています。年をとると骨の造血作用は少なくなってきます。これはニワトリも同じです。p66の写真のように、骨の内部を観察するには親鳥と呼ばれる、成長した鳥の骨を使うのがよいでしょう。

カタツムリのうんち

カタツムリは主に植物を食べて生きています。カタツムリの口はどこにあるのでしょうか。どのようにしてものを食べてどのようなうんちを出しているでしょう。じっくり観察してみることにしましょう。

用意するもの
カタツムリ
透明な容器
いろいろなえさ

手順

1 カタツムリを捕まえよう

まずはカタツムリを捕まえよう。どのような場所で生活しているのかな。
透明な容器を用意して、水分を十分与えよう。

② うんちの色を観察するためには

いろいろなものを食べさせて、うんちの色を観察しよう。
まずは、一日えさをやらないで、野生で生活していた時のうんちを全て出させる。
カタツムリはうんちをどこからするのかも見てみよう。

③ 色のついたものを食べさせよう

ニンジンやホウレンソウなど色がはっきりしたものをカタツムリに与えて食べさせよう。その後のうんちの色はどうなるかな。
えさを変えるごとに、食べさせる→絶食させるを繰り返して観察しよう。

④ 紙も食べるよ

紙も植物の繊維からつくられているので、おなかが空いたカタツムリは紙も食べるよ。紙を食べた時は、どんな色のうんちがでるか確認してみよう。

科学の目
歯でつくる不思議な模様

カタツムリの口には歯があります。透明な容器で観察すると、口の部分が多少黒っぽくなっていることがわかるはずです。
この歯を使って、首を振りながらカタツムリはえさを食べるのです。野菜だとなかなかわかりにくですが、カタツムリがいた場所などをじっくり観察してみると、写真のような不思議な模様を見つけることができます。この模様が、カタツムリの歯でそぎ取られたものです。

観察

デンプンを探す

植物は光合成をして栄養分を自分でつくり出します。その栄養分を生きていくために使ったり、種子などにたくわえて子孫を増やすために利用したりします。デンプンやタンパク質、糖分などの形でたくわえますが、いろいろな植物がデンプンをつくっているのかを確かめてみましょう。

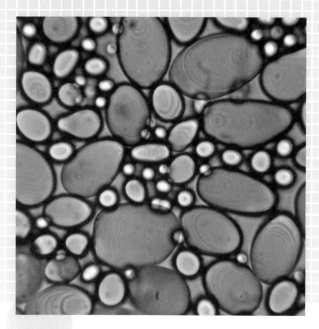

用意するもの

いろいろな植物
　（ニンジン、ダイコン　ピーマン、
　ゴボウなど）
おろし金
ヨウ素液
　（なければイソジン〈うがい薬〉）
プラスチックコップ
ガーゼ　など

手順

1　野菜をすりおろす

デンプンは水に溶けにくいという性質をもっているので、この性質をうまく使って、実験をしてみよう。
まずいろいろな野菜をすりおろして、その汁をガーゼなどに包んで別々にプラスチックコップに集める。

すりおろしてしぼる

ニンジン
ダイコン
ピーマン
ゴボウ

2 しぼり汁を観察する

しぼった汁をしばらくそのまま置いておく。デンプンがあると水に溶けずに重たいため、カップの底にたまる。どんなものに入っていてもデンプンは白いのですぐわかる。

3 底の部分を集中的に調べる

デンプンを調べる場合は、うわずみの部分は必要ないのでとりのぞき、下にたまっているデンプンにヨウ素液をかける。青紫色に染まったらそこにはデンプンがあったことになる。

科学の目
不思議な反応

植物がつくり出すのはデンプンだけではありません。ところが、ずいぶん多くの植物がデンプンをつくり出していることがわかります。デンプンを調べるための反応はヨウ素デンプン反応と呼ばれる大変敏感な反応です。この反応はなかなかおもしろいので、次のような実験もしてみましょう。

少量のデンプンと水をまぜて加熱してデンプンのりをつくります。冷やしてからヨウ素液を入れると青紫色になります。それをもう一度加熱するとどうなるでしょう。冷やしたり温めたりを繰り返して、ヨウ素デンプン反応を確かめてみましょう。

＜マイタケの茶碗蒸しをつくる＞

日本の伝統料理はたくさんありますが、だし汁と卵をベースに、旬の具材を入れて蒸しあげたプルンプルンの茶碗蒸しもその一つですね。いろいろな食材を入れた茶碗蒸しをつくって、食品のもつ性質を調べてみましょう。

用意するもの

- 卵
- マイタケ
- だし汁
- 蒸し器
- プラスチック容器
  （茶碗蒸し容器でよい）

手順

1 卵液をつくる

割った卵をしっかりまぜて卵液をつくり、だし汁を入れてさらにかきまぜ、卵液を3個の容器に等分に入れておく。

2 マイタケで実験

キノコの一種であるマイタケを具材にする。同量の生のままのマイタケ、しっかりゆでたマイタケをみじん切りにして、①の卵液に入れて20分くらい置いておく。
具が入っていないもの、生のマイタケを入れたもの、ゆでたマイタケを入れたものの3種類の茶碗蒸しをつくる。

③ 蒸しあげる
3種類を蒸し器に入れ、容器の大きさに合わせた時間でしっかり蒸しあげる。容器の大きさにもよるが、蒸し器に入れて沸騰したら弱火で10分〜15分が目安。

④ 出来上がり
火を止めて茶碗蒸しを見てみよう。3種類とも同じように固まっているかな。熱いので、取り出す時は、やけどに気をつけよう。

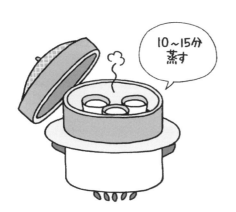

科学の目
酵素の力

卵は良質なタンパク質を多くふくんでいます。タンパク質は加熱すると固まる性質をもっています。生のマイタケを入れた茶碗蒸しは、しっかり固まっていませんでした。実はマイタケにはタンパク質を分解する成分がふくまれているのです。ですから、生のマイタケを入れたものは固まらないのです。しかし、加熱したマイタケを入れたものはしっかり固まっています。この成分は熱によってはたらかなくなってしまうのです。これを酵素といいます。

この酵素は南方系のフルーツにもふくまれています。キウイフルーツやパパイヤ、パイナップルなどを入れて茶碗蒸しをつくったらどうなるでしょうか?

フルーツでつくる時は、だし汁のかわりに砂糖を入れてプリンにしたほうがおいしく食べられそうですね。

野菜のくずを育てよう

ダイコンやニンジンなどの野菜を買って料理する時、上の部分は切って捨てることが多くないですか？ふだんは捨ててしまう「くず」の部分を使って観察してみることにしましょう。

用意するもの
- 野菜くず
- 容器
- 水

手順

1 容器を用意する
ヨーグルトのふたなど、きれいな水をかんたんに交換できるようなものを用意する。

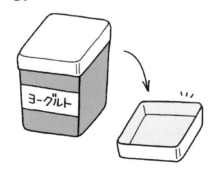

2 野菜のくずを集める
ダイコンやカブ、ゴボウやサツマイモなど、いろいろなものを準備しよう。

③ 水耕栽培開始

集めた野菜くずを、きれいな水を入れた容器に置く。しばらくすると、どんな変化が起こるかな？　日記ふうに記録しておこう。

④ 葉が出てくると……

しばらくたつと、上部から葉が出てくる。葉が出てくると、水の減り方が早くなる。その理由はなんだろう？　考えてみよう。

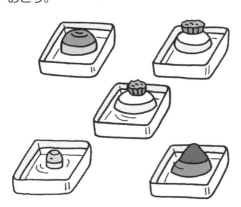

科学の目
葉を取るにはわけがある

　なぜスーパーマーケットなどでは葉の部分を切り取って販売しているのでしょうか。葉が伸びてからの水の減り方を元に考えてみましょう。

　植物は根から水分を吸収します。その水分を体全身に運び、最後は葉の裏の気孔という所から空気中に放出します。この作用のことを「蒸散」といいます。

　根が土の中にある時には、どんどん水分が補充されるからよいですが、スーパーマーケットなどで売られているダイコンなどはもう根から水分を供給されません。つまり、葉をつけたままだと、せっかく水分をたくさんふくんで新鮮な状態のものがどんどんしなびていくことになるわけです。

観察

野菜や果物を観察しよう

わたしたちは多くの植物の果実を利用して生活しています。
普段、他の果実同士を関連づけて考えていませんが、
果実にはさまざまな共通点があります。
野菜や果物の断面を観察して、その共通点を探りましょう。

用意するもの
野菜や果物の「果実」
色画用紙

手順

1 もっとも基本的なマメの仲間

マメ科の植物の果実は、この観察の中での基本形ともいえる。さやの中に並んでいる種子には栄養分がたくわえられていて、その栄養分は葉で光合成してできたものだ。では、葉からどのようにして栄養分が種子に届いているのか、実際に確かめよう。

ソラマメ
インゲン
エダマメ
サヤインゲン

2 オクラを観察してみよう

断面が五角形のオクラ。オクラの果実はマメ科の果実を5個組み合わせたような形だということがわかる。

オクラにも種子がふくまれている。マメ科の果実が5個組み合わされているという意味を考えてよく観察してみよう。

3 みかんの房も同じ？

みかんのヘタを取ると、中の房の数がわかるといわれている。みかんも実はマメ科の果実が組み合わされたものと同じなので、房の数が当てられることも納得できる。

観察

4 ペーパークラフトでモデルをつくろう

マメ科の果実を色画用紙でつくってみよう。これがいろいろな植物の果実のつくりを考えるヒントになる。

オクラやみかんはかんたんにつくれそうだけれど、メロンやキュウリはちょっとむずかしそう

モモやサクランボはどうなっているかな？

よくできているね！

科学の目
すべての果実に共通なつくり

　マメ科植物の果実のつくりは植物の果実の中でも基本形になります。果実はめしべの子房が成長してできます。この成長してくる部分を心皮と呼んでいます。マメ科では心皮が1個、オクラでは心皮が5個だったというわけです。

　マメ科のサヤを開いてみると、種子が交互についていることがわかります。心皮のヘリの部分をよく見ると、マメ（種子）につながっている管のようなものがあり、そこに交互につながっていることがわかります。どんな植物もこのような構造になっているのです。

　モモやサクランボのように種子が中心に一つしかないものはどうでしょう。よく観察してみるとこれらの果実は単純な丸ではなく、一部分に筋のような凹みがあることがわかります。そして、これが心皮のつくりの一部なのです。

手の指のような……これもみかん!?

　仏手柑はみかんの果実のつくりを考えるには、大変わかりやすいよい例です。最近はいろいろな種類のみかんが売られています。

　みかんは中国原産で「皮が薄くむきやすい」「薄皮も柔らかくそのまま食べられる」「種子のないものが多い」という特徴をもっています。

　オレンジはインド原産で「皮が厚く、ナイフを使わないとむきにくい」「香りが強く味も濃厚」という性質があります。

　最近つくり出されているさまざまな品種の柑橘類は、タンゴール系と呼ばれます。タンゴールというのはみかんの英語名「タンジェリン(tangerine)」の「tang」と「オレンジ(orange)」の「or」を合わせた「tangor」です。みかん農家の方たちが、さまざまな品種をかけ合わせて、美味しくて食べやすい品種をつくり出しているのです。

　仏手柑のように先端が手のように分かれていて、しかもおいしいものがあったらおもしろいと思いませんか？

これもみかんの仲間？

食紅で染める

植物は水を吸って生き生きとしています。
水をあげなければ、すぐにしおれてしまいます。
水の通り道がどのようになっているのかを
色がついている水を吸わせることで確認してみましょう。

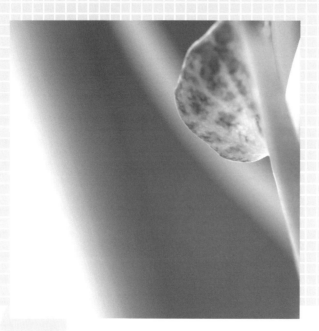

用意するもの

食紅（さまざまな色が売られているので、何種類か準備する。黄色はわかりにくいので適さない）
ネギ、カリフラワー、セロリ、アスパラガス
花　など

手順

1. 食紅を水に溶かして色水をつくる。

色水を
つくる

2. 野菜や花を色水につけて時間が経過するのを待ち、どのように色づいていくのかを観察する。

③ 水を吸った後の植物の横断面や縦断面をつくって、水の通り道を確認する。

④ 植物の種類によって、色がつく場所が違うので、その違いをまとめておこう。

科学の目

アスパラの葉はどこだ？

植物は水を吸収して体全体に運びます。その時の水の通り道は「道管」と呼ばれています。この道管は根から全身に通っています。そしてその並び方は、植物の種類によって大きく異なります。

セロリのような葉の模様が網目状の植物は双子葉類と呼ばれます。この仲間の道管は輪のように並んでいますが、ネギやアスパラガスのような植物は単子葉類と呼ばれ、葉の模様は直線状で道管はバラバラです。

いずれにしても管はまっすぐ進んでいくので、半分にさいた状態で別々の色水にさすと、そのまま分かれたまま上まで進んでいきます。白い花などで実験すると、色分けした花を見ることができます。

七輪を観察しよう

バーベキューなどをする時に使う七輪って知っていますか？
粘土のようなものでできている七輪は、中で炭が燃えていても外側は熱くなりません。これにはどのような秘密があるのでしょうか。
七輪の底のほうをちょっとだけけずり取って顕微鏡で見てみましょう。

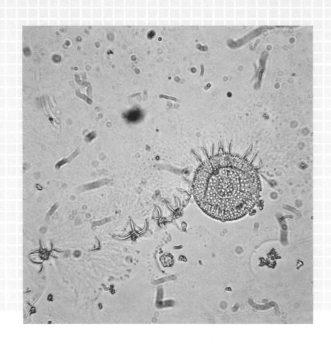

用意するもの
- 七輪
- 割りばし
- ドライバー
- 試験管　顕微鏡
- スライドガラス
- カバーガラス
- ピペット

手順

1. 七輪の底の部分をドライバーなどで少しけずりとる。
2. けずり取った粉をさらにすりつぶす。割りばしなどを使うとうまくできる。

すりつぶす

③ 細かい粉を水が入った試験管に入れてよくまぜる。

④ しばらく静かに置いて、水とどろの境目をピペットで取り出す。

⑤ スライドガラスにのせて乾燥させ、顕微鏡で観察する。
カバーガラスは置くだけでよい。

観察

科学の目
まさか化石だったとは

七輪をつくっている粘土のようなものは「珪藻土」と呼ばれています。ケイソウというのは小さな植物プランクトン。体の表面がガラスと同じ成分でできているのです。ケイソウが死んでもこの殻はくさらずに残ります。それが固まってできたのが珪藻土です。ガラスのような成分の間に空気もふくまれているため、珪藻土は熱を伝えにくいのです。ですから、七輪を外から触っても熱く感じないのです。

冬芽の観察

植物のうち、冬の間は葉を落とすものを落葉樹といいます。春になると再び葉を茂らせるのですが、その時には前年よりも少し成長して伸びています。次の春に向けて準備している部分と、葉を落とした跡を観察してみましょう。

クルミの葉の跡

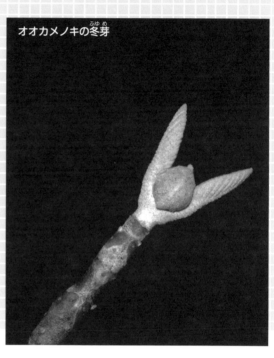

オオカメノキの冬芽

手順

用意するもの
- 図鑑
- カメラ

1. **葉を落とした樹木を探し出そう**
   公園などの樹木には、葉を落とすものと落とさないものがある。葉を落としたものの枝の様子を観察してみよう。葉がついていた場所はどのようになっているかな。

クルミの葉の跡はヒツジの顔みたい！

86

2 冬芽の様子を見てみよう

葉を落とした植物は、春に伸ばすための「冬芽」を準備している。どのような冬芽があるかな？ かたくしまっているもの、ベトベトの粘液でおおわれているもの、毛に包まれているものなどさまざまだよ。

3 スケッチやカメラで記録しよう

公園の樹木の場合、木の名前が書かれていることもある。わからない場合は、図鑑などを参考にして調べて、冬芽や葉の跡と一緒に記録しておこう。

科学の目

季節限定のわくわく観察

落葉樹の葉が落ちた跡を「葉痕」といいます。植物の葉は光合成をして栄養分をつくるはたらきをしています。そのためには水と二酸化炭素、それに日光が必要です。

また、できた栄養分を全身に運搬するための管も必要です。水や肥料分を運ぶ管を「道管」と呼び、できた栄養分を運ぶ管を「師管」と呼びます。この、この2つの管を合わせて維管束といいます。葉痕はこの維管束の跡なのです。

マツの葉で環境調査

マツは針葉樹と呼ばれる植物で、多くのものは常緑樹です。また、
街路樹などに利用されることも多いので、
葉はかんたんに入手することができそうです。
このマツの葉を使って、身近な環境を調べてみることにしましょう。

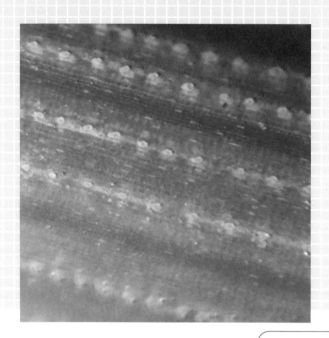

用意するもの
マツの葉
顕微鏡
LEDライト　など

手順

1. **マツの葉を集めよう**
   交通量の違ういろいろなところからマツの葉を採取してこよう。

- 採集する時は、できるだけ同じ期間、空気にさらされた葉を集めよう。
- 先端から若い葉を選ぼう。

道路側の松　　公園の松

2 マツの葉を観察しよう

植物は葉を使って空気中の気体を取り入れたり、空気中に気体を放出したりしていて、この部分を気孔と呼んでいる。多くの植物では葉の裏側に多くの気孔をもっているが、マツの葉の裏表はどうなっているかな。外見をじっくり観察してみよう。

3 顕微鏡でのぞこう

顕微鏡を使ってマツの葉を観察してみよう。顕微鏡は光を透過させて見るものですが、マツの葉は厚く、今回の観察は薄く切ることができないので、LEDライトなどで外から光を当てて観察してみよう。

4 気孔のつまりを観察しよう

顕微鏡でのぞくと、マツの葉の気孔が見える。いろいろくらべてみると、空気のよごれたところにあるマツは、気孔がつまる割合が高くなっているのがわかる。一度に見える範囲の中のつまり具合を数えたり、観察する気孔の数を合わせて数えるなどして、いろいろな場所の気孔の様子を比較してみよう。

奥まった気孔を標本で観察しよう

植物が気体を出し入れする場所を「気孔」と呼びます。気孔の周囲を囲んでいる細胞を孔辺細胞といいます。孔辺細胞の形は植物によってずいぶん違います。

マツの気孔は、図のようにちょっと奥まったところにあります。今回観察したのは、気孔の手前にあるくぼみにゴミが入っているかどうかだったのです。では、他の植物の気孔がどのような形になっているのかを実際に標本をつくって調べてみましょう。

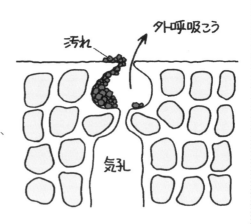

植物の葉で観察しよう

用意するもの
- 植物の葉
- 傷用の液体ばんそうこう
- スライドガラス
- つまようじ

手順

1　植物の葉を用意しよう

植物の気孔は葉の裏側に多くある。植物の葉の裏に液体ばんそうこうをぬってしばらく乾燥させる。
すっかり乾いたら、つまようじなどでばんそうこうの部分をはがす。

② 観察用のプレパラートをつくる
ばんそうこうが乾いてできた膜のようなものを、スライドガラスにのせる。軽くて風で飛んでしまいそうなので、セロハンテープなどで固定して観察しやすいようにしよう。

③ 顕微鏡で観察しよう
顕微鏡で観察してみよう。はがした膜は色がついていないので、見やすくなるように顕微鏡の絞りなどを調整しよう。いろいろな植物の葉の裏の標本をつくって観察してみよう。

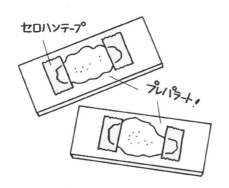

科学の目
何でも写して見てみよう

この実験のように、サンプルを切断して観察することがむずかしい物の表面を写し取って顕微鏡で観察する方法をスンプ法と呼びます。
たとえば、昆虫の目などを写し取って観察するにはこの方法が便利です。髪の毛などの表面も見ることができますので実際にやってみましょう。

カルマン渦をつくる

風が強く吹いた時、ヒューヒューと音が聞こえます。
これは物に空気がぶつかって、渦ができることが原因です。
空気は透明で目に見えませんから、ほかのものを使って、
渦のでき方を実際に観察してみることにしましょう。

用意するもの
- 大きめのトレイ
- 書道用の墨汁
- 牛乳
- 割りばしなどの棒

手順

1. トレイに墨汁を薄く広げる。

2. その上に静かに牛乳を入れていく。墨汁のほうが重いので、静かに入れていくと、墨汁は下に沈んだままになる。

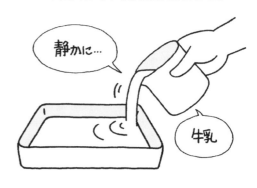

③ 割りばしは割らずに使う。割りばしをトレイに垂直に立てて、移動させ、墨汁でできる渦の様子を観察する。

④ 割りばしを動かす速さや割りばしの太さでどのような変化が出てくるのかを確かめよう。

科学の目
カルマン渦って何かな?

強い風が吹いた時や、縄とびの縄を速く回した時などにヒューヒューと音が出ますね。風の強さが変わったり、縄を回す速さを変えると音の様子も変わってきます。空気は目には見えませんが、この時、空気には渦ができています。この渦のことを「カルマン渦」といいます。

冬の強い風で雲が移動する時、このカルマン渦が見えることがあります。気象衛星の雲の写真で、鹿児島県の屋久島や、長崎県の対馬などの周辺を探してみましょう。1月、2月がよく見えるチャンスです。

実験・観察をする前に

- ●実験に使う材料や道具などは、使ってよいものかどうか、おうちの人に確かめましょう。
- ●火や化学薬品、電気製品などを使う時は、必ず大人の人といっしょにしましょう。
- ●水などを使う実験の時は、ぬれてもいいように、新聞紙やレジャーマットなどをしいておきましょう。

楽しく実験・観察をするためのポイント

1 失敗してもあきらめない

　一回でうまくいくとは限りません。ちょっとしたバランスや分量の違いなどで失敗してしまうこともあります。そういう場合は、あきらめないで「なぜうまくいかなかったのだろう?」という気持ちをもち、失敗の理由を考えることも大切なことです。

2 工夫をしよう

　実験をしていると、いろいろな「もっと」「どうして」という気持ちがでてきます。それが実験や観察のおもしろさにつながります。自分なりに工夫して、改良しながらオリジナル実験に発展させましょう。

- はさみやカッターナイフ、ピンセット、つまようじや針金など、先のとがったものを使う時は、けがをしないように気をつけましょう。
- 実験や観察に使った食べ物などは、絶対に口に入れないようにしましょう。
- 実験や観察をした後は、必ず手をよく洗いましょう。
- 屋外に観察・環境調査に出かける時は、車に気をつけ、危険な場所に近づかないようにしましょう。

・・・

「実験・観察」というと、むずかしいと思ってしまいがちですが、この本では身近にある道具や素材を使って、家でもかんたんにできる実験や観察を紹介しています。いろいろな実験を通して、科学のおもしろさ、楽しさを実感してください。

3 片づけまでが実験

実験や観察をした後、ノートに結果を記録して終了……ではありません。実験で一番大切なのは後片づけです。使った器具や道具は次にやる時のために、きちんと整理整頓しておきましょう。ごみもきちんと捨てましょう。

4 自由研究としてまとめよう

実験や観察をしてわかったこと、調べたことなどを大きな紙にまとめたり、ノートに記録したりして作品として残しましょう。写真や絵をたくさん入れることによって、楽しさがみんなに伝わります。

●プロフィール●
青野裕幸（あおの　ひろゆき）

新しいプロジェクトをつくりました。
いろいろな分野で子ども向けワークショップを開催しています。
「やっぱり実験って楽しいよね」という声を聞いてうれしくなっています。
この本も、そんな雰囲気を伝えることができているとうれしいです。
機会があったらワークショップにも参加してみてくださいね。

「楽しすぎるをばらまくプロジェクト」代表
http://tanobara.net

編集●内田直子
撮影●青野裕幸
イラスト●種田瑞子
本文DTP●渡辺美知子デザイン室

キッズサイエンス　楽しすぎる科学実験・観察

2018年3月12日　第1刷発行

著　者●青野裕幸ⓒ
発行人●新沼光太郎
発行所●株式会社いかだ社
　　　　〒102-0072東京都千代田区飯田橋2-4-10加島ビル
　　　　Tel.03-3234-5365　Fax.03-3234-5308
　　　　E-mail　info@ikadasha.jp
　　　　ホームページURL　http://www.ikadasha.jp/
　　　　振替・00130-2-572993
印刷・製本　モリモト印刷株式会社

乱丁・落丁の場合はお取り換えいたします。
Printed in Japan
ISBN978-4-87051-497-3
本書の内容を権利者の承諾なく、営利目的で転載・複写・複製することを禁じます。